Julia Komarova

A ligação entre a ansiedade e a vontade de casar com raparigas e rapazes

AF153191

Julia Komarova

A ligação entre a ansiedade e a vontade de casar com raparigas e rapazes

ScienciaScripts

Cover image: www.ingimage.com

Este livro é uma tradução do original publicado sob ISBN 978-620-2-39424-6.

Publisher:
Sciencia Scripts
is a trademark of
International Book Market Service Ltd., member of OmniScriptum Publishing Group
17 Meldrum Street, Beau Bassin 71504, Mauritius
Printed at: see last page
ISBN: 978-620-0-92893-1

ÍNDICE

INTRODUÇÃO

Relevância da investigação. O mundo moderno é muito complexo e diversificado. Milhares de pessoas decidem diariamente o passo mais importante na vida - a criação da família, a célula da sociedade.

Na ciência existem diferentes opiniões sobre qual é a idade mais favorável para o início das relações matrimoniais, até que ponto a personalidade já está suficientemente madura, formada orientações significativas para a criação de uma vida comum, a formação de valores espirituais, a educação de uma nova geração.

Os jovens enfrentam todo o tipo de dificuldades e barreiras psicológicas para tomar a decisão de casar.

Em primeiro lugar, a complexidade da própria união de duas pessoas como sistema social e psicológico. Em segundo lugar, a futura família inclui um grande número de todos os tipos de relações e inter-relações, para cuja formação são importantes as características pessoais de cada membro, ambiente social, costumes, tradições, condições socioeconómicas.

Em terceiro lugar, é complicado pelo secretismo e intimidade de muitos acontecimentos na união pré-matrimonial, bem como pela sua variabilidade, a falta de contornos claros, o que cria alguma incerteza e, em alguns casos, um sentimento de perigo da situação, que tem, sem dúvida, um impacto significativo no estado psico-emocional dos futuros cônjuges, o que contribui para o seu nível de ansiedade.

O problema da disponibilidade para casar foi estudado por teóricos nacionais e estrangeiros como: V.M.Tseluiko, V.A.Sysenko, I.A.Sinkevich, A.A.Sergeeva, I.B.Dorno, Yu.E.Alyoshina, L.Y.Gozman, E.M.Dubovskaya. A investigação realizada neste sentido incidiu principalmente no estudo dos aspectos individuais das relações pré-matrimoniais: a sua estabilidade e estabilidade, a compatibilidade dos futuros cônjuges, o papel da família na sociedade, a satisfação do parceiro. Apesar do vasto material acumulado na ciência moderna sobre vários factores que influenciam o sucesso da criação de uma família, o problema da influência da ansiedade na vontade dos jovens de casar não é amplamente considerado.

Ao mesmo tempo, na situação de tomar uma decisão tão importante, os jovens sentem frequentemente ansiedade, que se manifesta num sentimento de desconforto, insegurança, baixa auto-estima. Estas circunstâncias conduziram à escolha do tema deste estudo.

Objecto de estudo: rapazes e raparigas dos 18 aos 23 anos de idade.

Objecto: A relação entre a ansiedade e a vontade de casar com os jovens.

Objectivo do estudo: O objectivo do nosso trabalho era estabelecer uma ligação entre a ansiedade e a vontade de casar os jovens.

Hipótese do estudo: A hipótese é que à medida que o nível de ansiedade aumenta, a disposição dos jovens para casar diminui.

Tarefas de investigação:

1. Considerar os aspectos teóricos do problema da preparação para o casamento;

2. Analisar os conceitos de ansiedade na investigação interna e externa;

3. Identificar empiricamente a ligação entre a ansiedade e a vontade de casar com os jovens;

4. Desenvolver recomendações psicológicas para reduzir a ansiedade entre os jovens.

Métodos de investigação: a fim de testar as hipóteses e resolver as tarefas definidas, foi utilizado um método de investigação complexo, incluindo vários aspectos: análise teórica da literatura psicológica sobre os problemas em estudo - interpretação de dados científicos, análise comparativa, generalização; foram utilizados, em particular, os seguintes métodos como parte da investigação empírica: "Escala de ansiedade de Taylor", "Ch.D. Spielberg Yu.L. Khanin's scale of estimation of level of reactive and personal anxiety", "I.F. Yunda's test card of estimation of readiness for family life". Métodos matemáticos de cálculo e análise dos rácios percentuais, processamento de dados estatísticos primários, análise de correlação" Determinação do coeficiente de correlação linear de Pearson.

Base de investigação: 60 estudantes (30 rapazes e 30 raparigas) a estudar na Universidade Estatal de Medicina de Astrakhan com idades compreendidas entre os 18 e os 23 anos, preparando-se para casar, participaram no estudo.

A novidade científica do estudo é que ele revela os efeitos da ansiedade na vontade de casar dos jovens, ou seja, que existe uma ligação entre a ansiedade e a vontade de casar dos jovens, ou seja, à medida que estes se tornam mais ansiosos, a sua vontade de casar diminui.

Significado prático da investigação: a investigação produziu resultados teóricos e práticos, que permitem desenvolver recomendações no âmbito do apoio psicológico aos jovens que se casam. Além disso, os dados obtidos podem ser utilizados por psicólogos na prática do aconselhamento individual e em grupo. Os resultados da investigação podem ser utilizados em cursos de formação em psicologia familiar.

Estrutura de trabalho: A tese consiste numa introdução, dois capítulos, conclusão, conselho psicológico, e uma lista de literatura.

Capítulo 1: ANÁLISE TEÓRICA DA ANÁLISE TEÓRICA DA CIRCULAÇÃO DAS MARCAS DE MERCADO DOS JOVENS

1.1 Problemas de preparação para o casamento em ciências psicológicas

Família - o pequeno grupo social primário, o ambiente de formação da pessoa mais próximo, influenciando as necessidades, a actividade social e a condição psicológica da pessoa. Na vida familiar, são importantes não só os princípios morais básicos dos cônjuges, mas também os seus interesses, perspectivas, estilo de vida, maturidade psico-social e escala de valores. Um dos factores de bem-estar familiar é a compatibilidade esponsal (familiar), principalmente psicológica e psicobiológica.

A compatibilidade psicológica inclui psicofisiológica, pessoal, incluindo cognitiva (compreensão de ideias sobre si próprio, outras pessoas e o mundo como um todo), emocional (experiência do que está a acontecer no mundo externo e interno de uma pessoa), comportamental (expressão externa de ideias e experiências), espiritual (compatibilidade de valores).

A harmonia das relações familiares-matrimoniais em termos de parâmetros pessoais é determinada [33]:

- Lado emotivo, nível de fixação;
- Similaridade de ideias, visões de si mesmo, parceiro, mundo social como um todo;
- Semelhança dos padrões de comportamento e comunicação preferidos de cada parceiro;
- Preferências sexuais e compatibilidade psicofisiológica;
- Nível cultural geral, grau de maturidade mental e social, coincidência dos sistemas de valores dos cônjuges.

Compatibilidade psicobiológica - atracção pelo outro, admiração, respeito. A incompatibilidade psicofisiológica e, em particular, sexual pode levar à ruptura do casamento.

E a disparidade de valores na interacção das pessoas, especialmente nos contactos quotidianos, leva à destruição quase irreversível da comunicação e das relações conjugais. O que é importante aqui é, por um lado, o quão diferentes são os critérios de avaliação dos cônjuges e, por outro lado, o quão bem os critérios individuais correspondem aos critérios geralmente aceites. É possível falar de harmonia, quando os valores dos cônjuges coincidem entre si e com o sistema de valores geralmente aceite; quando têm aproximadamente a mesma atitude em relação ao trabalho, às pessoas à sua volta, aos bens, a si próprios e aos seus familiares. [33]

Os psicólogos destacam quatro aspectos da compatibilidade esponsal:

• Espiritual quando as orientações, necessidades, interesses, pontos de vista, opiniões coincidem;

• O pessoal, assumindo a conformidade das características estruturais e dinâmicas dos parceiros: propriedades de temperamento, carácter, esfera emocional-volucional.

• Harmonia familiar e doméstica de ideias sobre as funções da família, a educação dos filhos e o modo de vida, as expectativas de papéis e as pretensões;

• Fisiologicamente, a principal característica é a satisfação com a vida sexual, a proximidade fisiológica.

Indirectamente, a educação e o nível intelectual, a estabilidade laboral, a idade dos cônjuges e a diferença (óptimo 1-4 anos), a duração do convívio pré-matrimonial (habituarem-se às características um do outro) influenciam a prontidão psicológica.

Todos estes factores criam pré-requisitos para a compatibilidade ou incompatibilidade entre cônjuges.

8

Incompatibilidade psicológica. No casamento, cada cônjuge pode ser um "factor psicotrásmico", especialmente em situações de stress. Com grande esforço, a incompatibilidade nos valores do parceiro pode ser corrigida, sendo a incompatibilidade psicofisiológica praticamente incorrigível [42].

A fim de ajudar os cônjuges com problemas conjugais, é necessário descobrir em que se baseiam as expectativas específicas e qual é a situação real da família. Para este fim, os casamentos dos pais e irmãos, o nível de preparação para o casamento, o dinamismo do desenvolvimento, os pré-casamentos e as relações matrimoniais são geralmente considerados [15].

A teoria da sobreposição de propriedades de irmãos e irmãs acredita que o indivíduo procura encarnar a sua relação com irmãos e irmãs nas novas relações sociais. Os casamentos fortes e bem sucedidos são considerados quando a relação entre parceiros é moldada por este princípio, tendo em conta a identidade de género. Se os jovens desenvolvem motivações familiares que determinam uma atitude positiva em relação à família, a necessidade de permanecer como membro, essas motivações contribuem para a libertação de experiências frustrantes negativas, tais como: ansiedade, stress, resolução de conflitos internos e interpessoais. Para afirmar as dificuldades do casamento, é necessário notar, antes de mais, que elas são mais frequentemente causadas pela transformação dos valores do casamento na sociedade e pelo aumento das exigências à qualidade das relações familiares.

Se anteriormente as principais eram as funções económicas e deontocêntricas da família para sobreviver, agora em ligação com a urbanização das relações conjugais da sociedade são condicionadas por uma função psicoterapêutica personalizada, que proporciona conforto psicológico, afectando o estado psicofísico, satisfação e duração das relações pré-matrimoniais e conjugais, crescimento pessoal dos cônjuges.

O efeito psicoterapêutico positivo e sustentável que surge nas condições da família contribui para a restauração da força espiritual, psicológica e física dos parceiros e traz uma sensação de plenitude de vida, caso contrário o bem-estar da pessoa deteriora-se, a relação oprime-a e sobrecarrega-a, sugerindo que se pare.

Nas relações pré-matrimoniais, as pessoas estão concentradas principalmente no efeito positivo de ter outra pessoa por perto [19].

Neste caso, a compatibilidade e a maturidade psicológica dos futuros cônjuges torna-se particularmente importante. Por maturidade psicológica entende-se a conquista por uma pessoa de um certo nível de auto-consciência e de responsabilidade pelas suas vidas, a auto-realização profissional bem sucedida, a capacidade de construir relações harmoniosas com outras pessoas importantes, encontrar o seu próprio sentido de vida - todos estes são diferentes lados deste fenómeno multifacetado. Falando de maturidade interior, ela pode ser dividida em três esferas principais de manifestação: a atitude para consigo próprio, as relações com os outros e a ligação com o mundo em geral. O leque de intenções e qualidades que são tidas em conta na escolha de um cônjuge está a tornar-se cada vez maior e mais diversificado. O casamento começa a satisfazer as necessidades de uma ordem cada vez mais elevada. Daí a complexidade adicional da sua criação [41].

O modelo fenomenológico de celebração de uma relação matrimonial pode ser representado pelas seguintes etapas: selecção do parceiro, estabelecimento de uma relação pré-matrimonial suficientemente estável, tomada e execução da decisão de casar. Em cada fase, é claro, podem surgir obstáculos antecipados e inesperados.

Ao escolher um parceiro, pode haver dificuldades de natureza objectiva. Normalmente é a prevalência de pessoas do mesmo sexo no local de residência ou de trabalho, desproporções sexuais em grupos etários (por exemplo, a prevalência de mulheres com mais de quarenta anos e de homens com menos de trinta). No entanto, os critérios de selecção dos parceiros têm, no entanto, uma influência determinante. Em primeiro lugar, o próprio facto da sua presença ou ausência. Neste último caso, o indivíduo quer, por vezes, fazer uma escolha por si próprio, transferindo assim a responsabilidade pela tomada de decisões para outros, o destino, etc.

O próprio parâmetro na escolha de um parceiro baseia-se na psicologia da sua vida habitual e encontra expressão nos cenários de escolha matrimonial, os mais comuns dos quais incluem as seguintes afirmações: o marido deve ser mais velho que a esposa, mais alto, mais educado, ser um suporte na vida. Os factores das dificuldades emergentes podem constituir a referência de comparação - a imagem de um potencial parceiro matrimonial. A "rigidez" da imagem é mais frequentemente determinada pelos estereótipos sociais acima mencionados e reflecte-se na presunção de requisitos de idade, educação, situação financeira, disponibilidade de habitação, etc.

Uma imagem irrealista de um parceiro, acompanhada de um elevado nível de expectativas para o parceiro, o que conduz frequentemente a uma rápida desilusão no satélite. O indivíduo, fixado no ideal, selecciona um parceiro duplo para outra pessoa real. Estão fechados em relação a novos conhecimentos, e o desajustamento pode causar rejeição do parceiro. Em alguns indivíduos solitários reflectiu a experiência passada no estabelecimento de relações conjugais, o que se reflecte no preconceito em relação ao parceiro potencial, atribuindo-lhe uma atribuição negativa, antecipando situações difíceis no futuro. O chamado conceito funcional para outra pessoa, quando prevalece o egocentrismo e o egoísmo, bem como o medo e a incapacidade de assumir responsabilidades, também interfere no estabelecimento de relações conjugais [2]. Os investigadores americanos identificaram tais dificuldades que surgem a caminho do casamento como o medo da intimidade, que se crê conter uma série de complexidades: abertura e manifestação de emoções perigosamente graves, perda de controlo sobre si próprios, a sua singularidade. Fusão com um parceiro ou a possibilidade de ficar para trás - o desenvolvimento de mecanismos de protecção psicológica é alarmante. As medidas de protecção são especialmente pronunciadas em indivíduos que não confiam em si próprios, com auto-estima inadequada, com um baixo nível de auto-estima e auto-valorização [6].

Os parâmetros acima referidos têm um impacto negativo na estabilidade das relações, na tomada de decisões e na aplicação da decisão de casamento. É de notar que a ciência constata igualmente a presença de complexos de não-revivibilidade, o que limita a necessidade de compatibilidade. Contêm, sobretudo, moral e expressam-se em rudeza, paixão, raiva, propensão para o domínio, mercantilismo, egoísmo, hábitos socialmente condenados (bebida, toxicodependência, jogos de azar). Além disso, os complexos diferem entre homens e mulheres, com base na rejeição significativa por parte do sexo oposto. Por exemplo, as mulheres consideram inaceitável nos homens: ausência ou formação insuficiente das atitudes familiares, impotência e fraqueza, insuficiência e incapacidade de demonstrar emoções positivas.

Os homens (em muitas culturas) consideram inaceitável nas mulheres: negligência na aparência, em relação ao lar, ao modo de vida, queixas, queixas de doença, saúde. Os homens referem-se aos defeitos femininos essenciais, tais como: descontenção, tendência para a manifestação viva de emoções e desequilíbrio, a sua incoerência com o aceite padrão inicial de feminilidade, muita vida de emprego vnepodemeynoynoy.

Assim, muitas vezes a solidão é o medo do risco, a exigência de promessas de felicidade, a falta de vontade, a impotência para a criar, e muitas vezes o analfabetismo psicológico, que se manifesta na ilusão, na insatisfação com a vida, em exigências irrealistas para o parceiro. É característico que as pessoas que não são casadas estejam conscientes das razões externas e objectivas da sua solidão. Razões internas, subjectivas, com algumas excepções, muitas vezes não se realizam, embora uma pessoa solitária possa compreender a inadequação da imagem do parceiro por ele criada [37].

A questão da disponibilidade dos jovens para casar também ocupa um lugar crucial na formação de um casal, que continuará a ser discutida. O conceito de "prontidão psicológica para o casamento". Muitos autores estão a tentar definir a sua essência.

Por exemplo, I.V. Grebennikov incluiu neste conceito vários tipos de prontidão, tais como a maturidade física e social, a prontidão ético-psicológica e sexual. Por maturidade física, entendemos a maturidade sexual. A maturidade social é a prova mais importante do casamento de jovens na vida adulta. A prontidão ética e psicológica das pessoas que casam cobre um número significativo de razões que estão inter-relacionadas. Os jovens não são considerados prontos a casar a menos que tenham uma compreensão clara do que é a família, do que querem casar, que relações vão construir, que obrigações vão ter, etc. O principal critério desta vontade é a compreensão das razões do casamento. Por exemplo, a preparação sexual significa ter os conhecimentos necessários. Uma opinião semelhante foi expressa por autores como V.A. Sysenko, B.A. Dushkov, A.N. Sizanov, B.Y. Shapiro e outros.

Existem outras opiniões sobre a prontidão para o casamento, por exemplo, N. V. Malyarov, sob a prontidão dos jovens para o casamento significava um sistema de atitudes sociais e psicológicas da pessoa, que define a atitude emocional e psicológica para com o modo de vida, os valores do casamento. A preparação para o casamento é um conceito holístico, que inclui todo um complexo de aspectos:

1. O desenvolvimento de um complexo moral específico;

2. Preparação para a comunicação e cooperação interpessoais;

3. A capacidade de ser auto-sacrificial em relação a um parceiro;

4. A presença de qualidades que estão associadas à penetração no mundo interior do indivíduo, empatia;

5. Alta cultura estética dos sentimentos e do comportamento do indivíduo;

6. A capacidade de resolver situações de conflito de uma forma eficaz, a capacidade de auto-regulamentar a sua própria psique e comportamento.

Semelhante à opinião de I.V. Grebennikov é o conceito de prontidão para o casamento na S.M. Pitylin. Inclui os seguintes parâmetros: aptidão física, aptidão pessoal, aptidão motivacional, aptidão emocional e volitiva, aptidão sócio-psicológica, aptidão biológica e sexual [47].

Em seguida, consideremos o conceito de "preparação social para o casamento". Muitos autores referem a disponibilidade social como os seguintes parâmetros: educação, emprego ou ensino superior, a vida separada dos pais e o início do trabalho por conta própria. Estreitamente relacionada com isto está a prontidão social e económica para casar, o que inclui ganhar dinheiro de forma independente para sustentar os membros da família e para si próprio. Mas muitas vezes os jovens não procuram a independência financeira. Isto é um entrave ao início de uma família. A disponibilidade social para o casamento implica que raparigas e rapazes estejam conscientes da sua responsabilidade para com a família, para com o cônjuge e para com os filhos.

1.2 Fundamentos teóricos para o estudo da ansiedade nos estudos psicológicos nacionais e estrangeiros

A interpretação da noção de "ansiedade" foi trazida para a ciência psicológica por psicanalistas e psiquiatras. Muitos psicanalistas entenderam a ansiedade como uma propriedade inata de uma personalidade, como originalmente inerente a um estado individual.

O autor do conceito psicanalítico, Z. Freud, sugeriu que o indivíduo tem vários impulsos ou instintos inatos inatos, que são o principal motivo no comportamento do indivíduo, que regulam o seu estado de espírito. Freud acreditava que o contacto dos impulsos básicos com as normas sociais pode gerar neuroses e ansiedade. Os impulsos iniciais, à medida que a personalidade se desenvolve, adquirem novos tipos de manifestações. Mas, sob outras formas, eles encontram as proibições da civilização, e o indivíduo é forçado a disfarçar e suprimir os seus próprios instintos. A tragédia da vida mental de uma pessoa começa no nascimento e pode durar uma vida inteira. Freud vê a única decisão desta situação na sublimação da "energia libidiana", ou seja, na distribuição de energia sobre outras prioridades vitais: industrial e criativa. A sublimação positiva liberta o indivíduo de uma elevada ansiedade [44]. Na psicologia individual, segundo Adler, há uma visão completamente diferente do surgimento das neuroses.

Segundo Adler, na natureza das neuroses existem formas como: medo, medo da vida, medo das dificuldades, bem como o desejo de uma posição específica em grupos de pessoas, que o indivíduo devido a quaisquer características pessoais ou normas sociais não pode alcançar, ou seja, vê-se claramente que na natureza das neuroses estão situações em que o indivíduo devido a determinados eventos, em um ou outro grau, sente ansiedade.

A questão da ansiedade tem sido objecto de estudo especial em neurofreudistas e Karen Horney, em primeiro lugar. No conceito de K. Horney, as principais causas de ansiedade e ansiedade do indivíduo não se baseiam no conflito entre motivos biológicos e proibições sociais, mas são o resultado de interacções humanas impróprias [46].

Em "A Personalidade Neurótica do Nosso Tempo", K. Horney identifica 11 necessidades neuróticas:

1. A necessidade neurótica de apego e aprovação, o desejo de ser apreciado pelos outros, de ser agradável;

2. A necessidade neurótica de um "parceiro" que responda a todas as necessidades, expectativas, medo de estar sozinho;

3. A necessidade neurótica de reduzir a sua própria vida a um limite limitado, para passar despercebida;

4. A necessidade neurótica de poder sobre os outros através da inteligência, da previsão;

5. A necessidade neurótica de explorar os outros, tirando deles o melhor de si;

6. A necessidade de reconhecimento social ou de sucesso;

7. A necessidade de admiração pessoal;

8. Uma reivindicação neurótica de realização pessoal, a necessidade de ser melhor do que outros;

9. A necessidade neurótica de auto-satisfação e autonomia, a necessidade de ninguém;

10. A necessidade neurótica do amor;

11. A necessidade neurótica de superioridade, de idealidade própria, de inacessibilidade;

K. Horney acredita que, ao satisfazer estas necessidades, um indivíduo quer estar livre da ansiedade, mas as necessidades neuróticas são insaturadas, não podem ser satisfeitas e, por conseguinte, não há forma de se livrar da ansiedade. Em grande medida,   C. Horney era próximo da opinião de S. Sullivan. Ele foi o autor do conceito de "teoria interpessoal". [23]. Ele acreditava que o homem não pode existir de outras pessoas, interações interpessoais. A criança, desde o primeiro dia de nascimento, entra em relação com as pessoas e principalmente com a mãe. Todo o desenvolvimento e comportamento posterior da pessoa é determinado por interacções interpessoais. C. Sullivan acreditava que o indivíduo tem uma ansiedade natural, a ansiedade, que é o produto de interacções interpessoais [8].

C. Sullivan definiu o corpo como um sistema activo de stress que pode vibrar entre limites específicos, como o repouso, o relaxamento (euforia) e o ponto mais alto de stress. As causas da tensão são as necessidades e a ansiedade do corpo. A ansiedade pode ser causada por ameaças reais ou imaginárias à segurança de um indivíduo.

C. Sullivan, tal como C. Horney, viu a ansiedade não só como uma das estruturas básicas do indivíduo, mas também como a fonte que define o seu desenvolvimento. Emergindo numa idade precoce, como resultado do contacto com uma situação social negativa, a ansiedade existe contínua e invariavelmente ao longo de toda a vida de um indivíduo. A libertação do sentimento de ansiedade pelo indivíduo torna-se a "necessidade central" e a forma principal do seu comportamento. O indivíduo pode desenvolver vários "dinamismos", que são o mecanismo de libertação do medo e da ansiedade. A interpretação da ansiedade é diferente (45). Ao contrário de K. Horney e S. Sullivan, E. Fromm abordou a tarefa do desconforto mental do ponto de vista do desenvolvimento histórico da sociedade.

Э. Fromm acreditava que na época da sociedade medieval com o seu mecanismo de produção e organização de classes, o indivíduo não era livre, mas não estava alienado ou sozinho, não sentia tal perigo e não sentia tal ansiedade como sob o capitalismo, pois não estava "alienado" das coisas, da natureza, das pessoas [12].

O indivíduo estava unido ao mundo por conexões elementares, que Fromm definiu como "conexões sociais naturais" que existiam na sociedade primitiva. Com o aumento do capitalismo, os laços primários estão divididos, nasce uma personalidade livre, desligada da natureza, das pessoas, e como resultado sente uma considerável incerteza, impotência, solidão e ansiedade. A fim de se livrar da ansiedade gerada pela "liberdade negativa", o indivíduo procura livrar-se dessa liberdade em si. Ele vê a melhor solução no voo da liberdade, ou seja, fugir de si próprio, na necessidade de ser esquecido e assim suprimir o sentimento de ansiedade [25].

Э. Fromm, K. Horney e S. Sullivan está a tentar demonstrar formas de se livrar da ansiedade. E. Fromm acredita que todos estes métodos, tais como "esbarrar em si próprio", apenas cobrem o sentimento de ansiedade, mas não libertam absolutamente o indivíduo da ansiedade. Pelo contrário, a sensação de isolamento aumenta, pois a perda do próprio eu é a condição mais dolorosa. Os mecanismos psicológicos de fuga da liberdade são abstractos, segundo E. Fromm, não são reacções às condições sociais, pelo que não podem resolver os mecanismos do sofrimento e da ansiedade [25].

Por outras palavras, pode assumir-se que a ansiedade se baseia em reacções de medo e que o medo é uma reacção natural a situações específicas que estão relacionadas com a preservação da homeostase do corpo. Os cientistas não fazem a distinção entre preocupação e ansiedade. Ambos surgem como uma expectativa de acontecimentos inesperados, que podem dar origem a medo num indivíduo. Ansiedade ou ansiedade é a expectativa do que pode causar medo. Através da ansiedade, um indivíduo pode evitar o medo.

Ao examinarmos e classificarmos os conceitos considerados, podemos identificar várias causas de ansiedade, que foram identificadas pelos autores nos seus trabalhos: [25]

1. Ansiedade em relação a possíveis danos físicos. Este tipo de ansiedade surge da integração de certos estímulos que ameaçam sob a forma de dor, perigo, danos físicos;

2. Ansiedade devida à privação do amor (amor à mãe);

3. A ansiedade pode ser definida pelo sentimento de culpa, que normalmente não ocorre antes de 4 anos. Nas crianças mais velhas, a culpa é descrita por sentimentos de auto-rejeição, de desvalorização de si;

4. Ansiedade sobre a incapacidade de dominar o ambiente;

5. A ansiedade é comum a todas as pessoas, de uma forma ou de outra. Mesmo um pequeno nível de ansiedade actua como um activador para atingir objectivos. Um grande sentimento de ansiedade pode ser "emocionalmente prejudicial" e levar ao desespero;

6. Na emergência da ansiedade, é dada grande importância à educação familiar, ao papel da mãe e à relação entre a criança e a mãe.

Consideremos as definições da noção de ansiedade dadas por autores nacionais. S.L. Rubinstein define ansiedade como a tendência de uma pessoa para experimentar ansiedade, ou seja, um estado emocional que surge em situações de perigo incerto e que se manifesta na expectativa de um desenvolvimento desfavorável dos acontecimentos [36]. Segundo V.K. Viliunas,

18

a ansiedade é a propensão da pessoa para experimentar a ansiedade, que se caracteriza por um baixo nível de aparência da reacção de ansiedade: uma das características básicas das diferenças individuais [10].

A.M. Os paroquianos entendiam a ansiedade como um estado emocional, e a ansiedade como uma formação pessoal estável, usando este último termo para se referir a todo o fenómeno. Um certo nível de ansiedade em norma é característico de todas as pessoas e é crucial para a adaptação normal de um indivíduo ao mundo que o rodeia. A presença da ansiedade como educação básica é prova de perturbações na formação da personalidade. A ansiedade impede a actividade efectiva e a interacção plena [32]. A ansiedade é analisada como uma forma emocional-pessoal, que, como qualquer forma psicológica profunda, tem parâmetros cognitivos, emocionais e operacionais.

Um breve dicionário psicológico fornece a seguinte definição do termo "ansiedade". A ansiedade é o sentimento de perigo, a ansiedade que um indivíduo sente em antecipação das dificuldades. Os motivos de ansiedade são diferentes: instabilidade emocional, mudança rápida das condições de vida, a próxima implementação de questões complexas, etc. Pode surgir no contexto de uma premonição de uma ameaça futura. Em regra, a ansiedade conduz ao aparecimento de reacções de protecção [21].

Em pedagogia, o termo "ansiedade" refere-se à experiência de dificuldades emocionais associadas ao sentimento de perigo ou de fracasso. É subjectivamente considerado como tensão, confusão, ansiedade, um sentimento de impotência. A nível fisiológico, as reacções de ansiedade são expressas em respiração rápida e frequência cardíaca, aumento da pressão arterial, diminuição da sensibilidade, quando estímulos anteriormente neutros adquirem uma cor emocional negativa.

1.3 A natureza psicológica da ansiedade ao entrar em relações conjugais

A discussão dos diferentes tipos de ansiedade, principalmente a forma como os tipos gerais e específicos de ansiedade são consistentes entre si ("ansiedade específica"), é amplamente abordada na literatura. Em muitos casos, o problema é o seguinte: até que ponto os tipos específicos de ansiedade - escolar, interpessoal, teste, ansiedade informática - são separados, encerrados definitivamente numa determinada esfera de experiência, e até que ponto só podem ser uma espécie de expressão de mal-estar geral, fixado numa determinada esfera como a mais importante numa ou noutra fase. Neste momento há opiniões diferentes sobre esta questão, argumentadas não tanto pela investigação experimental como pelas opiniões teóricas dos cientistas. Por outras palavras, o estudo da ansiedade geral e seus tipos específicos são estudados separadamente: alguns cientistas estudam a ansiedade, que entendem como uma manifestação das propriedades gerais da personalidade ou temperamento, outros estudam os seus tipos privados [19].

Da literatura abundante sobre a ansiedade, é evidente que a medição da ansiedade não deve ser inequívoca na sua estrutura. Mac Reynoldo deu uma visão geral de 88 procedimentos para medir a ansiedade e descobriu que a maioria desses procedimentos reflete um ou mais de três grupos diferentes de variáveis em pares: ansiedade como características; propensão à ansiedade; e ansiedade geral e específica.

As manifestações persistentes de ansiedade definem-se como pessoais e estão relacionadas com a presença de um traço específico de personalidade individual (a chamada "ansiedade pessoal"). Trata-se de uma característica individual estável que descreve a predisposição de uma pessoa para a ansiedade e sugere a presença de uma tendência para absorver um espectro bastante grande de situações como perigosas, respondendo a cada uma delas com uma reacção específica. Como predisposição, a ansiedade pessoal é mobilizada quando estímulos específicos são percebidos por um indivíduo como perigosos, associados a estados especiais de ameaça ao seu sucesso, auto-estima e auto-respeito [27].

Os sintomas de ansiedade situacional-alternativa são chamados de situacional, e a característica de uma pessoa que mostra este tipo de ansiedade é definida como "ansiedade situacional". Esta condição é descrita pela emoção subjectivamente vivida: tensão, ansiedade, nervosismo. Tal estado aparece como uma reacção emocional a situações stressantes e pode ser diferente em estrutura e dinâmica no tempo. Também as pessoas que planeiam entrar numa relação conjugal se encontram numa situação stressante, que está associada a uma mudança no ritmo de vida familiar. Há um confronto de motivações, há uma reacção ao stress sob a forma de ansiedade.

A actividade de um indivíduo em situações de casamento é condicionada não só pela própria situação, mas também pela presença ou ausência de ansiedade individual, mas também pela ansiedade situacional que um determinado indivíduo numa dada situação encontra sob a influência de acontecimentos que se desdobram. O impacto da situação, as próprias necessidades, pensamentos e sentimentos do indivíduo indicam uma avaliação cognitiva da situação. Este julgamento, por sua vez, pode causar algumas emoções (mobilização do sistema nervoso autónomo e reforço do estado de ansiedade situacional, juntamente com expectativas de um provável fracasso). A informação sobre tudo isto é transmitida através dos mecanismos de feedback nervoso ao córtex cerebral do indivíduo, afectando os seus pensamentos, necessidades e sentimentos (20).

Também a avaliação cognitiva da situação provoca imediata e mecanicamente a resposta do organismo a estímulos agressivos, o que pode levar ao aparecimento de contramedidas e respostas necessárias, que visam reduzir o aparecimento de ansiedade situacional. A solução de tudo isto afecta principalmente o processo que está a ser realizado. Esta actividade continua a depender essencialmente do sentimento de ansiedade, que não pôde ser superado com as respostas e contramedidas necessárias, bem como de uma avaliação cognitiva adequada das situações [5].

Por outras palavras, a actividade de um indivíduo numa situação de casamento depende principalmente da força da ansiedade, da validade das contramedidas tomadas para a reduzir, da precisão das avaliações cognitivas das situações. Segundo os investigadores americanos, é possível encontrar uma comparação de alguns parâmetros mentais pessoais com a taxa de formação de reflexos inibidores positivos e condicionados. Estes incluem estudos de ansiedade, ou ansiedade. A ansiedade foi fixada com a ajuda de métodos de teste muito diferentes, na maioria das vezes com a ajuda da escala de "ansiedade aberta" de Taylor, que é alinhada pelo tipo de questionário.

O conteúdo dos parâmetros psicológicos da ansiedade não pode ser considerado bastante específico e aprovado. Os parâmetros mais concretos e constantes de um dado complexo são: uma condição de tensão emocional, experiência de ameaça pessoal, hipersensibilidade a falhas e erros, atribuindo falhas e erros à custa das propriedades da personalidade, desconfiança, insatisfação consigo próprio.

A ansiedade também é observada quando os motivos são insatisfeitos e em qualquer conflito psicológico pelo tipo de frustração. Os sentimentos de ansiedade não são uma propriedade substantiva característica de um determinado tipo de temperamento. Só aparece com certas disfunções na combinação de motivos e relações de personalidade. A desvantagem da investigação "ansiedade aberta" de Taylor é que as características mentais individuais foram registadas em muitos casos com base em questionários. O questionário identificou os sintomas externos que podem ser entendidos como características psíquicas que fazem parte de um conjunto de ansiedade. A conclusão baseou-se em entrevistar os inquiridos e em observar efectivamente o seu comportamento. Em todas as investigações realizadas por cientistas americanos, bem como nos primeiros trabalhos de Ivanov-Smolensky, o complexo sintomático das condições mentais não foi comparado com a visão geral do sistema nervoso ou dos seus parâmetros concretos, mas com as características individuais das formas de reflexos condicionais positivos.

Os inquiridos com elevados níveis de ansiedade têm menos inibição do que excitação. Também se estabeleceu a dependência da ansiedade da força dos processos nervosos, em indivíduos com processos fracos de excitação na implementação da actividade atribuída, no caso de uma diminuição significativa na avaliação da qualidade do trabalho depender da sua avaliação, a distribuição da atenção diminui em comparação com a implementação desta actividade numa situação de tranquilidade. Entretanto, em indivíduos com fortes processos de excitação na realização da tarefa dada, a distribuição da atenção não se agrava, mas pelo contrário melhora em comparação com o trabalho numa situação de tranquilidade [8]. Pode assumir-se que, se uma pessoa tem um forte processo de excitação em situações de stress, ou seja, o grau de ansiedade será mais elevado do que num indivíduo com processos elevados de inibição em situações de stress.

O desenvolvimento de um casal é um processo complexo que envolve vários tipos de dificuldades e problemas, tais como: dificuldades nos dilemas materiais e habitacionais, o problema do emprego de um jovem profissional, problemas médicos. É óptimo que os próprios jovens encontrem formas favoráveis de resolver estes problemas, noutros casos precisam de ajuda psicológica, que podem obter nas consultas das maternidades e clínicas pré-natais, no centro de emprego (realizam programas de formação em orientação profissional).

Para que um jovem casal realize todas as suas funções, é necessário abordar de forma abrangente estas questões, que devem estar no centro das políticas públicas familiares para a jovem família.

Além disso, a questão mais importante no desenvolvimento de um casal é a disponibilidade dos jovens para estabelecerem uma relação conjugal.

Entendemos pela prontidão psicológica a educação pessoal, cujos principais parâmetros do sistema são orientações de valor, motivação conjugal, noções de hierarquia conjugal, atitudes e expectativas conjugais, noções de relações conjugais. Concordamos com a opinião de I.V. Grebennikov de que a disponibilidade psicológica para o casamento é um certo nível de maturidade pessoal, que activa recursos, em caso de problemas familiares.

Resumindo, é possível dizer que o problema da ansiedade se tornou um tema de investigação em numerosas escolas psicológicas estrangeiras e nacionais, e direcções. Numerosos investigadores consideraram a ansiedade pessoal e situacional de vários aspectos. Alguns autores referiram a ansiedade como um estado emocional que ocorre em situações de ameaça indeterminada, outros notaram a ansiedade como um dos principais aspectos das diferenças individuais e, em terceiro lugar, acreditam que a ansiedade é o contacto dos impulsos biológicos com as proibições sociais. São também considerados factores de ocorrência de condições ansiosas e conteúdo psicológico da causa da ansiedade, que incluem: instabilidade emocional, mudança abrupta das condições de vida, realização de tarefas complexas [15].

Os jovens que tencionam constituir uma família precisam de uma base psicológica forte. Com base na análise teórica, as causas da ansiedade estão directamente relacionadas com a estabilidade psicológica em situações matrimoniais. No aparecimento de situações stressantes, o comportamento da personalidade muda e tem as seguintes características: desconfiança, irritabilidade, incerteza sobre a escolha certa de um parceiro, diminuição da auto-estima e mudança frequente de humor [18].

Assim, para formar uma família, uma pessoa precisa de atingir um certo nível de maturidade psicológica. No caso contrário, existem possíveis tipos de escolha inadequada do futuro parceiro e da decisão de casar, o que irá certamente afectar o conteúdo e a qualidade das relações do jovem casal. Por outras palavras, o nível de prontidão para casar entre os jovens determinará em grande medida a vitalidade da futura família, a qualidade das relações familiares e a preservação de um ambiente positivo na família [34].

A análise teórica efectuada sugere que o nível de ansiedade entre os jovens é um factor essencial para determinar o nível de prontidão para casar.

Capítulo Um - Conclusões

Resumindo o primeiro capítulo, podem ser tiradas as seguintes conclusões:

1. Confiamos na opinião de I.V. Grebenshikov de que a disponibilidade psicológica para o casamento é um certo nível de maturidade pessoal que ajuda a activar recursos quando surgem problemas familiares. Os factores de ansiedade estão directamente relacionados com a instabilidade emocional, as mudanças bruscas nas condições de vida e a próxima execução de tarefas complexas;

2. Por ansiedade entende-se a experiência do sofrimento emocional, que está associada a uma premonição de perigo ou de fracasso. Exprime-se subjectivamente em tensão, preocupação, ansiedade, sentimentos de impotência e incerteza. A nível fisiológico, as reacções de ansiedade são expressas em respiração rápida e batimentos cardíacos, aumento da pressão arterial, aparecimento de excitabilidade geral, redução da sensibilidade, quando estímulos anteriormente menores adquirem coloração emocional;

3. Uma família estável e abastada só pode interagir quando as famílias jovens estão especificamente preparadas para a vida familiar em conjunto, caso contrário, os problemas que uma família jovem enfrentará inevitavelmente, em diferentes graus, serão insustentáveis.

Capítulo 2: Investigação empírica sobre as relações entre mobilidade e experiência matrimonial

2.1 Métodos e fases da investigação sobre a relação entre a ansiedade e a vontade de casar de rapazes e raparigas

Objectivo do estudo: O objectivo do nosso trabalho era estabelecer uma ligação entre a ansiedade e a vontade de casar com rapazes e raparigas.

As etapas da investigação empírica:

1. Na primeira fase, utilizando os métodos de Taylor e Spielberger-Hanin, é necessário identificar o nível de ansiedade dos rapazes e raparigas que se casam;

2. Na segunda fase, identificámos indicadores de prontidão para o casamento entre rapazes e raparigas;

3. A terceira fase estabeleceu uma ligação entre a ansiedade e a vontade de casar com rapazes e raparigas;

4. Na quarta fase, foram desenvolvidas recomendações psicológicas para reduzir a ansiedade entre os jovens.

Realizámos um estudo-piloto para associar a ansiedade à vontade de casar com os jovens. O estudo foi frequentado por 60 estudantes (30 rapazes e 30 raparigas) a estudar na Universidade Estatal de Medicina de Astrakhan, com idades compreendidas entre os 18-23 anos, preparando-se para casar. Os estudantes participaram no estudo voluntariamente e mostraram interesse no diagnóstico psicológico.

Hipótese do estudo: Existe uma ligação entre a ansiedade e a vontade de casar com rapazes e raparigas, que é que à medida que os níveis de ansiedade aumentam, a sua vontade de casar diminui.

Métodos de investigação:

1. A escala de alarme do Taylor;

2. A escala de estimativa do nível de ansiedade reactiva e pessoal de Ch.D.Spielberger - Yu.L.Khanin;

3. cartão de teste de preparação para a vida familiar.

A escolha destes métodos deve-se ao facto de corresponderem melhor aos objectivos do nosso estudo.

A escala de alarme do Taylor foi concebida para diagnosticar o nível de alarme do sujeito. O questionário é composto por 50 declarações às quais deve ser dada uma resposta de sim ou não. Os resultados do inquérito são avaliados através da contagem do número de respostas da pessoa que realizou o teste.

A escala de avaliação do nível de ansiedade reactiva e pessoal Ch.D. Spielberger - Yu. L. Khanina é uma forma informativa fiável de auto-avaliação do nível de ansiedade no momento (a ansiedade reactiva é aqui considerada como um estado de ansiedade pessoal (como uma característica estável da pessoa). Este método foi desenvolvido por Ch. D. Spielberger (EUA) e adaptado por Yu. L. Khanin. A escala de avaliação consiste em duas partes, uma das quais avalia a ansiedade reactiva, por sua vez, a segunda avalia a ansiedade pessoal.

O cartão de teste para avaliação da preparação para a vida familiar foi desenvolvido pelo Professor I.F. Yund em 1989. Este método ajuda a determinar a preparação de rapazes e raparigas para desempenhar funções familiares: criar um contexto familiar positivo, manter relações respeitosas e amigáveis com os familiares, criar filhos, estabelecer um regime familiar e doméstico saudável. Além disso, com a ajuda deste método, é possível identificar as perspectivas de bem-estar das relações familiares.

Os resultados dos testes são avaliados através da contagem do número de pontos obtidos.

Para as conclusões foram utilizados os resultados ao nível da fiabilidade $p < 0,01$ (elevado significado das diferenças), $p < 5$ (diferenças significativas), $p < 0,1$ (diferenças ao nível da tendência estatística). O processamento estatístico dos resultados foi efectuado utilizando o coeficiente de correlação de Pearson. A procura de correlação entre o nível de ansiedade (reactiva e pessoal) e a disponibilidade para casar (em toda a amostra) deu um resultado estatisticamente significativo, o que nos permitiu julgar que existe uma correlação negativa entre o nível de ansiedade e a disponibilidade para casar com a probabilidade de erro 0,05 e a probabilidade de erro 0,01.

2.2 Análise dos resultados de um estudo empírico sobre a relação entre a ansiedade e a disponibilidade das raparigas jovens para casar

A técnica da escala de ansiedade pessoal de Taylor foi utilizada para estudar os níveis de ansiedade de rapazes e raparigas. Os resultados são apresentados na figura 2.1.

Fig. 2.1. Indicadores do nível global de ansiedade da amostra

O desenho mostra que a maioria dos rapazes e raparigas (70%) tende a ter um elevado nível de ansiedade. E apenas 5% dos inquiridos têm um baixo nível de ansiedade, e 13% têm tendência para baixos níveis de ansiedade.

12% dos rapazes e raparigas têm um elevado nível de ansiedade e tendem a escolher certos temas da vida à sua volta, ignorando outros para provar que têm razão, tratando a situação como intimidante e reagindo em conformidade, ou, inversamente, que a sua ansiedade é em vão e não se justifica. Assim, se os sujeitos justificam erroneamente o seu medo, a sua ansiedade é amplificada por uma reacção selectiva que cria um círculo vicioso de ansiedade, prejudica a percepção e aumenta a ansiedade. Se os sujeitos se afirmarem falsamente com a ajuda de um pensamento selectivo, a ansiedade justificada pode ser reduzida e o sujeito não será capaz de tomar as medidas necessárias.

De acordo com o nosso estudo, 70% dos sujeitos masculinos e femininos sentem-se frequentemente excessivamente excitados, cansados e nervosos. Por sua vez, rapazes e raparigas com baixos níveis de ansiedade (5%) não sentem desequilíbrio interno, estão em equilíbrio e estão satisfeitos consigo próprios.

O método Spielberger-Hanin foi utilizado para detectar o nível de ansiedade pessoal e de ansiedade reactiva. Os resultados são apresentados na Fig. 2.2.

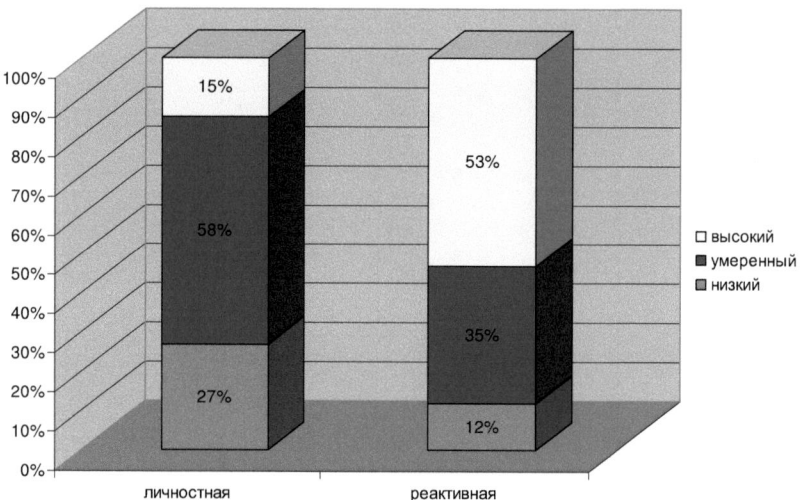

Fig. 2.2 Indicadores pessoais de ansiedade e do nível de ansiedade reactiva

Como se pode ver no diagrama, a maioria dos rapazes e raparigas apresentou um resultado pessoal médio e níveis elevados de ansiedade reactiva.

Um elevado nível de ansiedade reactiva indica que 51% dos rapazes e raparigas experimentam um estado de ansiedade manifestado em tensão mental, ansiedade, ansiedade. A ansiedade reactiva é gerada por condições objectivas que contêm a probabilidade de fracasso e desvantagem (em particular, numa situação em que as capacidades e os resultados do indivíduo são avaliados). Nessas condições, a ansiedade pode desempenhar um papel positivo, uma vez que ajuda a concentrar energia na consecução do objectivo desejado, mobilizando as reservas do organismo e do indivíduo para ultrapassar eventuais dificuldades. Por outras palavras, a ansiedade reactiva é adaptativa, se não exceder um certo nível óptimo. Assim, podemos supor que, na situação de entrar em relações conjugais, os indicadores a esta escala eram muito elevados.

A seguinte metodologia foi seguida, nomeadamente, o "Test card for assessing the readiness for family life" de I. F. Yunda, que ajuda a determinar a disponibilidade de rapazes e raparigas para desempenhar funções familiares: criar um ambiente familiar positivo, manter relações respeitosas e amistosas com os familiares, criar os filhos, criar a vida íntima dos cônjuges, estabelecer um regime familiar e doméstico saudável. O conteúdo do teste é uma situação típica entre cônjuges, interacção no âmbito de 10 funções familiares. A fim de determinar a prontidão para a vida familiar, o inquirido precisa de escolher, em cada uma das dez situações propostas, uma das três opções (certa, possível, errada) e calcular os resultados em pontuação para cada uma das três opções comportamentais (em todas as dez situações).

Os resultados deste método são apresentados na figura 2.3.

30

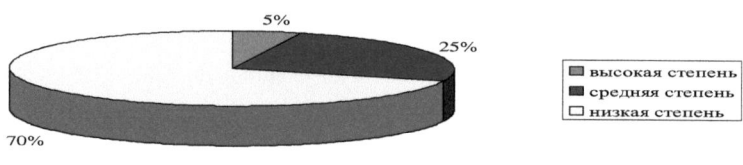

Fig. 2.3. Indicadores de prontidão para a vida familiar

Após análise dos dados, constatámos que 70% dos sujeitos têm um baixo nível de preparação para o casamento. Isto pode dever-se a uma série de factores, tais como: a desajustada estrutura de valores dos parceiros, o conflito nas relações, a falta de experiência em passar tempo juntos e a imaturidade psicológica dos parceiros. Um lugar especial entre estes factores ocupa, em nossa opinião, o nível de ansiedade dos rapazes e raparigas que se preparam para o casamento. Além disso, 25% dos rapazes e raparigas estão satisfeitos com a escolha de um parceiro e, em geral, estão preparados para a vida familiar. E apenas 6% dos sujeitos estão suficientemente preparados para a formação da família e da vida familiar no seu conjunto.

Analisámos separadamente os resultados da Escala de Alerta de Taylor, que se destina a medir a ansiedade pessoal em rapazes e raparigas, respectivamente. Os resultados são apresentados na figura 2.4.

31

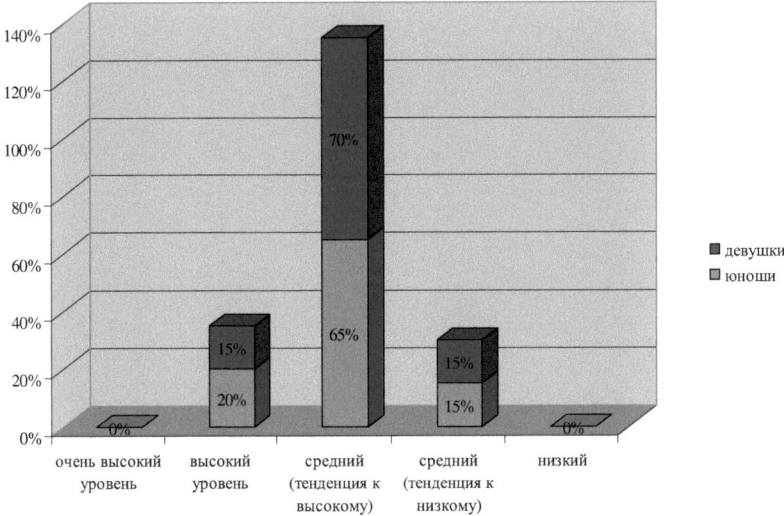

Fig. 2.4. Indicadores dos níveis de ansiedade em rapazes e raparigas

Uma análise comparativa dos resultados deste método mostrou que, para os rapazes, o nível médio (com tendência para elevado) de ansiedade prevalece sobre o das raparigas. Os elevados níveis de ansiedade também prevalecem nas raparigas sobre os dos rapazes.

Os resultados pelo método Spielberger-Hanin em rapazes e raparigas são apresentados na Figura 2.5.

Показатели уровня личностной тревожности и реактивной тревожности

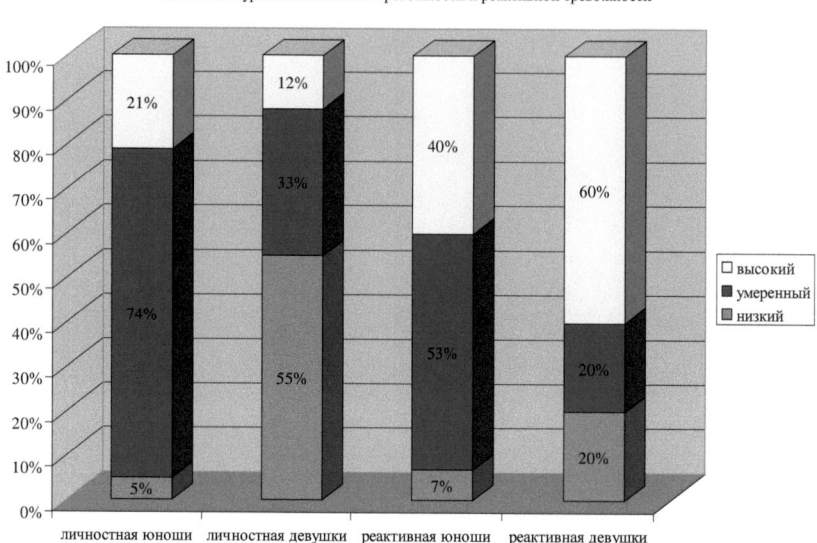

Fig. 2.5. Indicadores do nível de ansiedade pessoal e de ansiedade reactiva

Uma análise comparativa dos resultados deste método mostrou que o nível de ansiedade pessoal entre as raparigas prevalece significativamente sobre o dos rapazes. Nos machos, a ansiedade reactiva prevalece sobre a ansiedade nas fêmeas.

Os resultados do método "Test card for assessment of readiness for family life" do I.F. Yunda entre rapazes e raparigas mostraram os seguintes resultados, que são apresentados na Fig. 2.6.

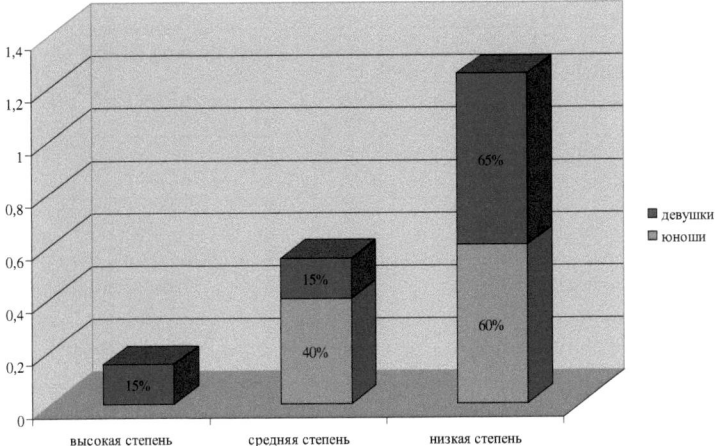

Fig. 2.6. Resultados do método "Test card of assessment of readiness for family life" de I.F. Yunda

A figura 6 mostra que entre as raparigas prevalece um elevado grau de prontidão para a vida familiar, tal como entre os homens jovens a prontidão para a vida familiar tem um grau médio.

A fim de identificar a relação entre a ansiedade e a disponibilidade para casar com rapazes e raparigas, foi realizada a análise de correlação apresentada no Quadro 2. 1. Este quadro mostra-nos a proximidade (força) da relação de correlação.

34

Quadro 2.1. Coeficiente de correlação de Pearson

Valor absoluto de rxy	Apertamento (força) da relação de correlação
abaixo de 0,3	fraco
entre 0,3 e 0,5	moderado
entre 0,5 e 0,7	em destaque
entre 0,7 e 0,9	elevado
superior a 0,9	sublime

Quadro 2.2. Indicadores de correlação para o nível de ansiedade no casamento entre homens jovens

Balança	Ansiedade geral	Ansiedade pessoal	Ansiedade reativa	Preparativos para o casamento
Ansiedade geral	1	0,297	0,263	0,291
Ansiedade pessoal		1	-0,104	-0,341
Ansiedade reativa			1	-0,341
Preparativos para o casamento				1

Consideremos os indicadores obtidos como resultado da análise de correlação: Nos homens jovens, os indicadores da escala de ansiedade geral têm uma fraca relação de correlação com os indicadores das escalas de ansiedade pessoal (r = 0,297, p < 0,05), ansiedade reactiva (r = 0,263, p < 0,05) - positiva; disponibilidade para o casamento (r = -0,291, p < 0,05) que atesta que, com o aumento da ansiedade geral nos homens jovens, a ansiedade pessoal e reactiva aumenta e a disponibilidade para o casamento diminui. Em contrapartida, se a vontade de casar for elevada, o nível de ansiedade, tanto pessoal como reactiva, bem como a ansiedade geral, diminui.

Foram também obtidos os seguintes resultados a partir de uma análise de correlação do nível de ansiedade entre raparigas que contraem matrimónio (ver Quadro 2.2)

Quadro 2.3. Indicadores de correlação

níveis de ansiedade em relação às raparigas que vão casar

Balança	Ansiedade geral	Ansiedade pessoal	Ansiedade reativa	Preparativos para o casamento
Ansiedade geral	1	0,159	0,526	-0,368
Ansiedade pessoal		1	-0,002	0,053
Ansiedade reativa			1	0,635
Preparativos para o casamento				1

Após análise dos indicadores obtidos em resultado da análise de correlação realizada, verificou-se que os indicadores da escala geral de ansiedade das raparigas têm uma fraca correlação com os indicadores da escala pessoal de ansiedade ($r = 0,159$, $p < 0,05$) - positiva; disponibilidade para casar ($r = -0, 368$, $p < 0,05$), o que indica que a ansiedade reactiva das raparigas aumenta com o aumento da ansiedade geral e reduz significativamente o nível de disponibilidade para casar.

Passamos agora aos indicadores derivados de uma análise de correlação do nível de ansiedade entre homens e mulheres jovens que se casam (ver Quadro 2.3).

Quadro 2.4. Indicadores de correlação para o nível de ansiedade entre os jovens de ambos os sexos que se casam

Balança	Ansiedade geral	Ansiedade pessoal	Ansiedade reativa	Preparativos para o casamento
Ansiedade geral	1	0,092	0,44	-0,367
Ansiedade pessoal		1	-0,112	0,011
Ansiedade reativa			1	-0,498
Preparativos para o casamento				1

Utilizando uma análise de correlação, classificamos os indicadores de ansiedade em cada escala com os indicadores de preparação para o casamento. Foi formada uma relação de correlação negativa entre os indicadores de ansiedade pessoal Taylor e os indicadores sobre o método de prontidão para casar I.F. Yunda. Isto sugere que quando um sinal aumenta, o segundo sinal diminui, ou seja, se uma pessoa tem um baixo nível de ansiedade pessoal, ela está pronta para criar uma família. Assim, quando o nível de ansiedade pessoal aumenta, a prontidão para casar diminui.

Formou-se uma relação de correlação entre os indicadores de disponibilidade para casar e os indicadores de ansiedade reactiva de acordo com o método Spielberger-Hanin. Consequentemente, se uma pessoa tem um baixo nível de ansiedade numa situação stressante, a disponibilidade para formar uma família manifesta-se a um nível elevado. Por outras palavras, existe uma correlação entre a ansiedade reactiva e a prontidão dos rapazes e raparigas para casar. Também no nosso estudo houve uma correlação entre o factor de ansiedade pessoal de acordo com o método Spielberg-Hanin e o factor de prontidão para casar com I.F. Yunda.

Assim, a ansiedade pessoal está ligada à vontade de casar. E como a ligação é inversamente proporcional, pode concluir-se que quanto maior for a vontade de casar entre rapazes e raparigas, menor será o nível de ansiedade pessoal.

Note-se que os dados obtidos no decurso do estudo são suficientes para testar a nossa hipótese, bem como para compreender melhor as peculiaridades da influência da ansiedade reactiva na vontade de entrar em relações matrimoniais. Assim, passamos a discutir os resultados da parte empírica do trabalho.

Na nossa análise dos resultados do estudo, encontramos a maior percentagem de sujeitos com um elevado nível de ansiedade reactiva - 53%. Estes números mostram que, estando numa situação de vida atípica, quando o corpo atravessa certas dificuldades stressantes, uma pessoa está num estado de desconforto e insatisfação interna. Nesta situação, há constrangimentos, falta de auto-confiança e irritabilidade no comportamento. Estes factores contribuem para a formação de instabilidade nos processos nervosos. O homem torna-se esquecido, cortado, raramente visita um sentimento de alegria.

Desvios significativos do nível de ansiedade moderada requerem uma atenção especial, a elevada ansiedade sugere uma tendência para o aparecimento de um estado de ansiedade numa pessoa em situações de avaliação da sua competência. Neste caso, é necessário reduzir a importância subjectiva da situação e das tarefas e deslocar o foco para a compreensão da actividade e a formação de um sentimento de confiança no sucesso.

De acordo com a Figura 1, existe uma média elevada (70%) (com tendência para elevada) de ansiedade pessoal na escala de Taylor. Este facto sugere que os sujeitos com um elevado nível de ansiedade pessoal se encontram frequentemente num estado tenso, tentando esconder o desequilíbrio mental, e são suspeitos.

38

O nível médio de ansiedade reactiva de acordo com o método Spielberger-Hanin é de 35% para os sujeitos que participaram no estudo (ver figura 2). Este facto demonstra que a permanência temporária num estado de ansiedade em rapazes e raparigas provoca emoções negativas de conflito e reduz a resistência ao stress.

De acordo com os resultados do estudo apresentado na Fig. 2.1, 70% dos meninos e meninas que vão se casar não estão suficientemente preparados para a formação da família. Este facto sugere que os sujeitos enfrentam vários obstáculos, tanto materiais como psicológicos. Para algumas dificuldades surgem a alteração do seu estatuto social. A preparação também pode ser causada pela falta de confiança no parceiro.

Os resultados da análise de correlação mostram que existe uma correlação inversa entre a ansiedade reactiva e pessoal e a prontidão matrimonial, ou seja, quanto menor for o indicador numa escala, maior será o indicador na outra. Este facto confirma a nossa hipótese de que existe uma correlação entre a ansiedade e a prontidão conjugal de rapazes e raparigas, que o nível de ansiedade diminui à medida que o nível de ansiedade aumenta.

2.3 Recomendações psicológicas para reduzir a ansiedade entre rapazes e raparigas que se casam

A preparação da geração mais jovem para o casamento e a futura vida familiar é parte integrante do sistema universal de educação da geração mais jovem. Os jovens podem ter dificuldades que são "programadas" por idade, ou são determinadas pelos modelos de comportamento dos pais, ou são determinadas pelas características psicológicas individuais da personalidade, a sua experiência nas relações interpessoais, etc. Uma vez que estas dificuldades estão relacionadas com o problema da preparação para o casamento, deve ser dada especial atenção à preparação psicológica. Podem distinguir-se os seguintes tipos de aconselhamento para jovens que tenham decidido entrar numa união conjugal.

A principal tarefa de informação, ou educação psicológica, é eliminar a falta de conhecimentos psicológicos necessários para que os jovens possam interagir eficazmente com os seus parceiros matrimoniais pré-matrimoniais e futuros. Psicólogos práticos e pedagogos sociais estão envolvidos na organização do trabalho de educação psicológica. Conhecem os jovens as especificidades da corte pré-casamento, as principais causas dos erros de percepção interpessoal e outros factores de "risco" pré-casamento, analisam as condições psicológicas de optimização do período pré-casamento, revelam as principais componentes da prontidão psicológica para o casamento, as características psicofisiológicas e psicológicas de homens e mulheres, etc.

O aconselhamento como informação é realizado sob a forma de palestras, palestras, seminários, discussões, exposições de literatura psicológica, assistindo e discutindo filmes em vídeo do ponto de vista da análise psicológica do comportamento dos actores. São utilizadas activamente técnicas de psicoterapia, como a filmoterapia. Por vezes, a informação é utilizada durante as consultas psicológicas individuais - nos casos em que não há necessidade de realizar trabalho correccional, para ajudar o cliente na resolução dos seus problemas, basta dar informações relevantes ou oferecer-se para ler literatura especial, assistir a palestras, sessões de grupo.

2. Consultoria por linha telefónica directa. Nem sempre são os jovens que querem ver um psicólogo consultor. Alguns têm vergonha de ir com os seus problemas para o contacto pessoal com o psicólogo, preferindo a linha de apoio.

A análise dos pedidos feitos pela linha de apoio mostra que os jovens estão frequentemente preocupados com questões (problemas) como o rompimento com um ente querido, as relações com os pais e a sua rejeição do parceiro escolhido, as dificuldades de comunicação com o parceiro, a gravidez pré-matrimonial, o amor não correspondido, os mal-entendidos, etc.

O aconselhamento telefónico assegura uma comunicação rápida, condições suaves e apoio psicológico, o que permite à pessoa que consultou um psicólogo prático evitar o papel de "paciente".

3) Aconselhamento psicológico individual. A pessoa que chegou à consulta psicológica sobre a escolha do futuro cônjuge e as relações com ele, raramente tem perguntas prontas para as quais gostaria de receber respostas concretas. O cliente normalmente espera que o conselheiro o ajude a escolher um futuro cônjuge adequado e espera evitar decepções e erros na vida familiar.

4. Aconselhamento psicológico de grupo. Por vezes, este tipo de aconselhamento tem uma influência mais forte na formação de relações num casal antes do casamento do que, por exemplo, o aconselhamento individual, especialmente se uma pessoa tiver dificuldades associadas aos estereótipos habituais da comunicação com a mãe, o pai, outras pessoas importantes, auto-confiança, baixa auto-estima e outras.

A permanência em grupos especialmente organizados pode ajudar os jovens a resolver problemas decorrentes das interacções interpessoais durante o período pré-casamento. Os grupos psico-corretivos identificam factores que influenciam as atitudes e comportamentos individuais, e o membro do grupo tem a oportunidade de receber feedback e apoio de outros membros que têm problemas ou experiências semelhantes e são capazes de prestar uma assistência substancial.

Capítulo II Conclusões

1. Analisados os dados obtidos durante o estudo, constatamos que 70% dos sujeitos têm um baixo grau de preparação para o casamento. E 25% dos rapazes e raparigas estão satisfeitos com a escolha do seu parceiro e, em geral, estão preparados para a vida da semente. Apenas 5% das pessoas inquiridas estão suficientemente preparadas para a vida familiar.

2. A maioria dos rapazes e raparigas (70%) tende a ter um elevado nível de ansiedade. E apenas um quinto dos inquiridos tem uma tendência baixa (5%) para um nível baixo (13%) de ansiedade.

3. De acordo com os resultados da análise de correlação, a ansiedade reactiva afecta a disponibilidade para casar e esta dependência é inversamente proporcional, ou seja, se o nível de ansiedade reactiva aumenta, o nível de disponibilidade para iniciar uma família diminui e vice-versa, se a ansiedade diminui. O nível de prontidão para casar aumenta.

4. A ansiedade pessoal está ligada à vontade de casar. E como a ligação é inversamente proporcional, podemos concluir que quanto maior for a vontade de casar, menor será o nível de ansiedade pessoal.

CONCLUSÃO

Uma família jovem é uma parte dinâmica e facilmente reactiva da sociedade a várias mudanças socioeconómicas. A condição desta categoria de população reflecte, em grande medida, a transformação em curso na sociedade, que se reflecte nas alterações das características da formação de uma família jovem, da sua estrutura, composição, tipos de vida familiar. As famílias jovens acumulam uma série de problemas bastante complexos, que são o resultado de mudanças abrangentes nas consequências de décadas. A condição e o desenvolvimento de várias esferas da sociedade numa ou duas décadas depende em grande medida das oportunidades que as famílias jovens têm à partida na Rússia moderna, das soluções alternativas aos problemas que lhes são dadas, o que prova a necessidade de uma especial concentração de atenção exactamente na condição desta categoria da população e demonstra a urgência dos seus problemas e das suas possíveis soluções.

Uma das tarefas mais difíceis na forma de formar uma família é a disponibilidade psicológica para entrar em relações conjugais, a consciência dos parceiros do seu estatuto social, o repensar do sistema de valores do autoconceito para o conceito de Us.

No decurso dos trabalhos preparatórios estudámos e analisámos fontes literárias sobre o tema da obra, com base nelas identificámos as principais teses sobre esta matéria.

A disponibilidade social e moral para a vida familiar implica maturidade cívica (idade, educação secundária, profissão, nível de consciência moral), independência económica, saúde. A disponibilidade motivadora para a vida familiar inclui o amor como motivo principal para a criação de uma família, a disponibilidade para a independência, o sentido de responsabilidade pela família a ser criada e a disponibilidade para dar à luz e criar filhos. A prontidão psicológica para criar uma família é a presença de capacidades desenvolvidas de comunicação com as pessoas, a unidade ou semelhança de pontos de vista sobre o mundo e a vida familiar, a capacidade de criar um clima moral e psicológico saudável na família, a estabilidade de carácter e sentimentos, as qualidades volitivas desenvolvidas da personalidade.

Também a prontidão psicológica é condicionada pela ausência de barreiras emocionais invisíveis. Mas nem em todos os casais os jovens podem evitá-lo.

Com base numa análise da literatura, foi expressa a seguinte hipótese de trabalho: o problema da ansiedade dos rapazes e raparigas modernos está directamente relacionado com a vontade de casar. Esta hipótese foi parcialmente confirmada.

44

LISTA DE REFERÊNCIAS

1. Adler, A. Prática e teoria da psicologia individual / A. Adler. - Moscovo: Peter Publishing House, P. 2017. - – 256.

2. Alyoshina, Yu.A. Métodos sociopsicológicos da investigação das relações conjugais (em russo) / Yu.E. Alyoshina, L.Ya. - Moscovo: Moscow Publishing House, P.2017. - – 244.

3. Andreeva, T.V. Protection of the reproductive health (em russo) / T.V. Andreeva, T.Yu. Pipchenko // Sociological investigations. - São Petersburgo,: Peter, 2016. - – C.35-54.

4. Andreeva, G.M. Foreign social psychology of the XX century: Theoretical approaches: Textbook for higher educational institutions / G.M. Andreeva, N.N. Bogomolova, L.A. Petrovskaya. - Moscovo: Aspect Press, 2015. - – 288 c.

5. Andrushchenko, T.D. Diagnóstico da aceitação do estatuto da nova era por um aluno do primeiro ano / T.D. Andrushchenko // Psicologia familiar e terapia familiar. - – 1998. - №3. - – C. 415 – 425.

6. Burlachuk, L.F. Características psicológicas das pessoas com dificuldades no casamento (em russo) / L.F. Burlachuk, L.A. Korostyleva // Revista psicológica. - – 1995. № 3. - – C. 117 – 125.

7. Bauhur, V.T. Este é um "I" / V.T. Bauhur único. - M.: Progress, 2015. - – 266 c.

8. Breslav, G.M. Emotional features of the personality formation in Destswe: Norms and desvios (em russo) / G.M. Breslav. - M.: Pedagogia, 2015. –274 c.

9. Burlachuk, L.F. Dicionário de diagnósticos psicológicos / L.F. Burlachuk, S.M. Morozov. - Kiev: pensamento científico. 2017. –200 c.

10. Viliunas, V.K. Psicologia dos fenómenos emocionais (em russo) / V.K. Viliunas. - Moscovo: Editora da Universidade Estatal de Moscovo. - – 2016. – 23 c.

11. Dorno, I.B. Casamento moderno: problemas e harmonia / I.B. Dorno. - Moscovo: Ciência. - – 2017. - – 74 c.

12. Zvezdina, A.V. Características sociológicas de uma família jovem moderna de uma cidade de província (em russo) / A.S. Zvezdina // Ciências Humanitárias. - – 2008. - № 55. - – C. 56-68

13. Zubkova, T.S. Organização e conteúdo do trabalho sobre protecção social de mulheres, crianças e família: Manual de formação / T.S. Zubkova, N.V. Timoshina. - Moscovo: Academia. - – 2018. –224 c.

14. Isard, C.E. Psicologia das Emoções / C.E. Isard. - São Petersburgo: Peter, - 2017. - – 79c.

15. Kalmykova, E.S. Problemas psicológicos dos primeiros anos de uma vida de casados (em russo) / E.S. Kalmykova // Psicólogos de família: khrestomatiya. - Moscovo: Bahrakh. - – 1998 – c. 138-146.

16. Klimov, E.A. Estilo individual de actividade em função das propriedades tipológicas do sistema nervoso. - Moscovo: Politizdat. 1983 – 212c.

17. Con, I.S. Em busca de si próprio / I.S. Con. - M.: Politicizdat. - – 1984. 335c.

18. Kon, I.S. Psicologia sociológica / I.S. Kon. - Moscovo: Instituto psico-social de Moscovo. Voronezh: Editora da ONG "MODEC". - – 2017. - – 184c.

19. Corduell, M. Psicologia. A-Y: Guia de Dicionários / M. Cordwell. - M.: PRENSA-FOGO. 2018. - – 448c.

20. Kratohvil, S. Psicoterapia das desarmonias familiares e sexuais. - Moscovo: Medicina. - – 2015. - – 267c.

21. Dicionário psicológico curto (em russo) / editado por A.V. Petrovsky, M.G. Yaroshevsky. - Moscovo: Politizdat. 1985. - – 292c.

22. Kulikov, L.V. Investigação psicológica: Recomendações metodológicas para a realização (em russo) / L.V. Kulikov. SPb.: Ciência. - – 2015. - – 119c.

23. Leibin, V.M. System research and the symbolic concept of a human being (in Russian) / V.M. Leibin. - Moscovo: Lenizdat. - – 1985. - – C. 109-114.

24. Margiani, F.A. Women's infertility: medical and social aspects (in Russian) / F.A. Margiani // Problemas de reprodução. - – 2016. - №5. - – C. 28-32.

25. Maio, R. Problemas de Alarme / R. Maio. - Século das Luzes. - – 2017. - – 237 c.

26. Merlin, V.S. Essay of the integral individuality research (em russo) / V.S. Merlin. - Moscovo: Phoenix. - – 1986. - – 200c.

27. Merlin, V.S. Ensaio sobre a teoria do temperamento. / V.S. Merlin. - Moscovo: Editora da Universidade Estatal de Moscovo. - – 1964. - – 273 c.

28. Nemov, R.S. Psicologia: Em 3 t. T. 3 / R.S. Nemov. - MOSCOVITA: VLADOS. - – 2015. - – 631 c.

29. Osherov, I.S. HIV/AIDS nas regiões de Arkhangelsk e Murmansk / I.S. Osherov // Território da vida. - – 2008. - № 11. - – C. 3-7.

30. Sítio Web oficial do Governo da Federação da Rússia: Materiais para a reunião do Governo da Federação da Rússia de 11.12.2003 sobre a questão "Melhoria da metodologia de desenvolvimento dos programas-alvo federais e aumento da eficiência da sua implementação". - Modo de acesso: http: // www. economy. gov. ru (data do último endereço: 12.12.2019).

31. Parishioners, A.M. Causas, profilaxia e superação da ansiedade (em russo) / A.M. Parishioners // Ciência psicológica e educação. - – 1998. - № 2. - – C. 5-12.

32. Parishioners, A.M. Nervosismo em crianças e adolescentes: natureza psicológica e dinâmica etária (em russo) / A.M. Parishioners. - Moscovo:

Instituto Psicológico e Social de Moscovo. - Voronezh: NPO "MODEC" Editora - 2015 - 308 p.

33. Prokhorova, O.G. Noções básicas de psicologia familiar e aconselhamento familiar: Livro-texto / O.G. Prokhorova. - Moscovo: TC Sphere - 2018. -224 c.

34. Testes psicológicos: Em 2 t. T 1 / editado por A.A. Karelin. - MOSCOVITA: VLADOS. 2017. - – 248 c.

35. Raygorodsky, D.J. Métodos e testes. Livro-texto / D.Ya. Raygorodsky. - Moscovo: Instituto psico-social de Moscovo. - Voronezh: NPO MODEC Publishing House - 2018. - – 180 c.

36. Rubinstein, S.L. Noções básicas da psicologia geral / S.L. Rubinstein. - São Petersburgo: Peter. - – 2017. - – 367 c.

37. Sátira, V. Família de psicoterapia / V. Sátira. - São Petersburgo: Discurso. - – 2016.283 c.

38. Colecção de testes psicológicos: testes psicológicos para empresários / editado por A.V. Litvinov. - MOSCOVITA: VLADOS. - – 2015. - – 156 c.

39. Sidorenko, E.V. Métodos do processamento matemático em psicologia (em russo) / E.V. Sidorenko. - SPb.: Discurso. - – 2010. - – 350 c.

40. Sinkevich, I.A. Sociological research of the young people's motivating attitude to marriage (in Russian) / I.A. Sinkevich, A.A. Sergeeva // Psychological sciences. - – 2009. - № 7. - – C. 216-222.

41. Sysenko, V.A. Youth vai casar / V.A. Sysenko. - Moscovo: Pensamento. - – 2016. - – 138 c.

42. Sysenko, V.A. Psicodiagnóstico das relações conjugais: Ajuda científico-metodológica aos trabalhadores dos serviços sociais (em russo) / V.A. Sysenko. - Moscovo: IUF da família. - – 2018. - – 105 c.

43. Sukhodolskiy, G.V. Basics of mathematical statistics for psychologists (em russo) / G.V. Sukhodolskiy. - L.: Editora Leningr. Un-ta. - – 1972. - – 428 c.

44. Freud, Z. Hysteria and Fear: em 10 toneladas. T. 6 / Z. Freud. - Arkhangelsk: Verdade do Norte. - – 2010. - – 358 c.

45. Fromm, S. A Grandeza e o Limite da Teoria de Freud / E. Fromm. - MOSCOW: AST. - – 2016. - – 395 c.

46. Horney, K. Personalidade neurótica do nosso tempo: em 3 t. T. 2 / K. Horney. - M.: Significado. - – 2017. 231c.

47. Tseluiko, V.M. Psicologia de uma família moderna (em russo) / V.M. Tseluiko. - M.: VLADOS. - – 2016. - – 287c .

48. Aidemiller, E.G. Psicologia e psicoterapia de uma família (em russo) / E.G. Aidemiller, V.V. Yustitskis. - São Petersburgo. - – 2018. - – 652c.

49. Yunda, I.F. Como ser feliz no casamento: um tutorial / I.F. Yunda. - Kiev. Escola Superior. - – 2010. 93 c.

Anexo 1

Escala de alarme do Taylor

O questionário é proposto por J. O questionário foi proposto por J. Teylor em 1955 e foi concebido para medir os níveis de ansiedade. Adaptado por T. A. Nemchin (1966).

O questionário é composto por 50 declarações, às quais deve ser dada uma resposta de sim ou não.

Material de texto.

1. Normalmente estou calmo e não é fácil irritar-me.

2. Os meus nervos não estão mais perturbados do que os das outras pessoas.

3. Raramente tenho obstipação.

4. Raramente tenho dores de cabeça.

5. Raramente me canso.

6. Sinto-me quase sempre bastante feliz.

7. Tenho a certeza de mim próprio.

8. Eu praticamente nunca coro.

9. Em comparação com os meus amigos, considero-me um homem bastante corajoso.

10. Eu não coro mais do que os outros.

11. Raramente tenho batimento cardíaco ou falta de ar.

12. Normalmente as minhas mãos e os meus pés estão suficientemente quentes.

13. Eu não sou mais tímido do que os outros.

14. Não tenho confiança suficiente em mim próprio.

15. Por vezes sinto que não sirvo para nada.

16. Tenho períodos de tal ansiedade que não consigo ficar quieto.

17. O meu estômago está realmente a incomodar-me.

18. Não tenho a coragem de suportar todos os desafios que se avizinham.

19. Gostaria de poder ser tão feliz como os outros.

20. Por vezes, sinto que tenho muitas dificuldades que não consigo ultrapassar.

21. Tenho frequentemente sonhos de pesadelo.

22. Noto que as minhas mãos começam a tremer quando tento fazer alguma coisa.

23. Tenho um sonho extremamente inquieto e intermitente.

24. Estou muito preocupado com possíveis contratempos.

25. Tive de sentir medo quando soube com certeza que estava a salvo.

26. É difícil para mim concentrar-me num trabalho ou numa missão.

27. Eu trabalho com muita tensão.

28. Fico facilmente confuso.

29. Quase sempre me sinto ansioso por alguém ou alguma coisa.

30. Tenho tendência para levar as coisas demasiado a sério.

31. Choro muitas vezes, os meus olhos estão "molhados".

32. Sou frequentemente atormentado por ataques de vómitos e náuseas.

33. Uma vez por mês tenho uma desordem de cadeira (ou mais frequentemente).

34. Muitas vezes tenho medo de estar prestes a corar.

35. É muito difícil para mim concentrar-me em qualquer coisa.

36. A minha situação financeira é muito preocupante.

37. Muitas vezes penso em coisas sobre as quais não quero falar com ninguém.

38. Já tive períodos em que a ansiedade me privou do sono.

39. Por vezes, quando estou confusa, fico muito suada e isso é extremamente embaraçoso.

40. Mesmo em dias frios, eu transpiro facilmente.

41. Às vezes fico tão excitado que é difícil para mim dormir.

42. Eu sou uma pessoa facilmente excitável.

43. Por vezes, sinto-me completamente inútil.

44. Por vezes penso que o meu sistema nervoso está instável e estou prestes a perder as estribeiras.

45. Muitas vezes me preocupo com alguma coisa.

46. Sou muito mais sensível do que a maioria das pessoas.

47. Sinto fome quase sempre.

48. Por vezes, fico chateado por nada.

49. Para mim, a vida é sempre uma tensão invulgar.

50. A espera deixa-me sempre nervoso.

A Escala Spielberger Anxiety Inventory Scale (STAI) é uma forma informativa de auto-avaliação do nível de ansiedade num dado momento (ansiedade reactiva como estado) e ansiedade pessoal (como característica humana sustentável). Desenvolvido por Ch. D. Spielberger e adaptado por Yu. L. Khanin.

Um estado de ansiedade reactiva (situacional) surge quando se entra numa situação de stress e é caracterizado por desconforto subjectivo, tensão, ansiedade e excitação vegetativa. Naturalmente, este estado é caracterizado pela instabilidade no tempo e intensidade diferente dependendo da força de exposição a uma situação de stress. Assim, o valor do indicador final nesta escala permite estimar não só o nível de ansiedade real do sujeito, mas também determinar se ele ou ela está sob a influência de uma situação stressante e qual a intensidade dessa influência sobre ele ou ela.

A ansiedade pessoal é uma característica constitucional que leva a uma tendência para a percepção da ameaça num vasto leque de situações. Com elevados níveis de ansiedade pessoal, cada uma destas situações terá um efeito stressante sobre o assunto e causar-lhe-á uma ansiedade considerável. A ansiedade pessoal muito elevada correlaciona-se directamente com a presença de conflitos neuróticos, rupturas emocionais e neuróticas e perturbações psicossomáticas.

A escala de auto-avaliação é composta por 2 partes, avaliando separadamente a ansiedade reactiva (RT, números 1 a 20) e pessoal (LT, números 21 a 40). Para cada uma das declarações é necessário dar apenas uma de quatro respostas: 1 - quase nunca, 2 - às vezes, 3 - muitas vezes, 4 - quase sempre.

54

n°pp	Sugestão	Nunca	Quase nunca.	Frequentemente.	Quase sempre.
1	Eu estou calmo.	1	2	3	4
2	Não me sinto ameaçado por nada.	1	2	3	4
3	Estou sob muito stress.	1	2	3	4
4	Estou internamente constrangido.	1	2	3	4
5	Sinto-me livre.	1	2	3	4
6	Estou chateado.	1	2	3	4
7	Estou preocupada com possíveis contratempos	1	2	3	4
8	Sinto a paz de espírito	1	2	3	4
9	Estou preocupada.	1	2	3	4
10	Tenho um sentimento de satisfação interior	1	2	3	4
11	Acredito em mim próprio.	1	2	3	4

12	Estou nervoso.	1	2	3	4
13	Não consigo encontrar um lugar	1	2	3	4
14	Estou enrustiçado.	1	2	3	4
15	Não sinto rigidez, não sinto tensão.	1	2	3	4
16	Estou contente com isso.	1	2	3	4
17	Estou preocupado.	1	2	3	4
18	Estou demasiado excitado e sinto-me mal	1	2	3	4
19	Estou contente.	1	2	3	4
20	O prazer é todo meu.	1	2	3	4

n°pp	Sugestão	Nunca	Quase nunca.	Frequentemente .	Quase sempre.
21	Posso estar de bom humor.	1	2	3	4
22	Eu posso ser irritável.	1	2	3	4

23	Eu fico facilmente perturbado.	1	2	3	4
24	Gostaria de ter tanta sorte como os outros.	1	2	3	4
25	Estou com muitos problemas e não me posso esquecer disso por muito tempo.	1	2	3	4
26	Sinto uma explosão de energia e um desejo de trabalhar.	1	2	3	4
27	Sou calmo, de sangue frio e concentrado.	1	2	3	4
28	Estou preocupada com possíveis dificuldades	1	2	3	4
29	Estou demasiado preocupada com nada.	1	2	3	4
30	Posso estar bastante satisfeito.	1	2	3	4
31	Levo tudo muito a peito.	1	2	3	4
32	Não tenho a autoconfiança	1	2	3	4

33	Sinto-me impotente.	1	2	3	4
34	Tento evitar situações críticas e dificuldades	1	2	3	4
35	Eu tenho um lamento.	1	2	3	4
36	Posso ficar satisfeito	1	2	3	4
37	Para mim, tudo é uma distracção e uma preocupação.	1	2	3	4
38	Por vezes, sinto-me um falhado.	1	2	3	4
39	Sou um homem equilibrado.	1	2	3	4
40	Fico preocupada quando penso nos meus negócios e preocupações	1	2	3	4

Cartão de teste para avaliação da aptidão para a vida familiar (I. F. Yunda)

O cartão de teste para avaliação da preparação para a vida familiar foi desenvolvido pelo professor I. F. Yunda do Instituto de Urologia da Academia de Ciências Médicas da Ucrânia em 1989. Este método ajuda a determinar a preparação de rapazes e raparigas para desempenhar funções familiares: criar um ambiente familiar positivo, manter relações respeitosas e amistosas com os familiares, criar filhos, estabelecer um regime familiar e doméstico saudável. Além disso, com a ajuda deste método, é possível identificar as perspectivas de bem-estar das relações familiares.

Material de texto

I.U jovem (rapariga) problemas no trabalho:

1) descontentamento, censuras de lentidão, incapacidade de se dar bem com os patrões, de resolver problemas de produção;

2) relações calmas e amistosas, por vezes com consolo e separação da dor;

3) empatia, manifestação de ternura, desejo de acalmar, de manter a confiança no direito.

II. Encontro de convidados - pais, familiares e amigos:

1) recepção de uma mesa de chá simples, sem entusiasmo especial, com discussão de problemas familiares e notícias;

2) recepção sem entusiasmo, sem sinais do devido respeito, em conversa por vezes escorrega descontentamento;

3) recepção em ambiente solene, com mesa festivamente coberta, pratos preferidos dos convidados, programa cultural - divertido

III. Compras conjuntas, preparação de produtos:

1) discussão amigável dos planos, em cuja execução todos os membros da família participam, mas activamente;

2) a única decisão, um dos cônjuges dá ordens, o outro executa-as;

3) atitude indiferente em relação ao futuro, declarações negativas sobre os planos com subsequentes críticas ao que foi feito, querelas nesta ocasião.

IV. "Não tenho tempo, trabalho":

1) raciocínios como: "Trabalho no trabalho, e tempo em casa - família, vida pessoal"; reacção negativa, por vezes irritável a problemas de produção;

2) atitude de compreensão do cônjuge em relação ao emprego, embora sem muito interesse na sua (sua) profissão;

3) atitude respeitosa para com a profissão, sucesso, um interesse vivo no trabalho do cônjuge e problemas laborais.

V. Cuidar do conforto, estética da vida quotidiana, limpeza da roupa, lavandaria, limpeza do apartamento, cozinhar, tendo em conta os diferentes gostos:

1) tipo de raciocínio: "Ordem ideal na casa - o meu sonho, mas um (um) não aguento, é preciso um assistente e um estímulo";

2) preferência por uma gestão autónoma da casa com percepção adequada de críticas e desejos amigáveis, sem recusar a ajuda;

3) tipo de raciocínio: "Admito que a ordem em casa é boa, mas não há vontade de o fazer; se alguém tomasse conta da limpeza, da roupa e da cozinha, eu ficaria muito feliz (contente)".

VI. Relações sexuais:

1) contenção e moderação na obtenção da satisfação sexual;

2) as relações sexuais dominam a vida familiar, tudo o resto é subordinado;

3) a vida sexual é relegada para segundo plano, os principais interesses centram-se na segurança material, no prestígio social, no trabalho.

VII. Cuidar dos filhos:

1) raciocínios como: "Vamos viver para nós próprios, pensar na criança não demasiado tarde e dentro de alguns anos"; "A criança na família precisa, mas eu não quero mais do que uma".

2) O desejo de ter o maior número possível de filhos;

3) O desejo de ter dois ou três filhos.

VIII. Cuidados com a educação das crianças:

1) conceder à criança uma oportunidade de auto-educação, liberdade de escolha e de acção;

2) aspiração ao desenvolvimento versátil (intelectual, psico-emocional e físico) da criança;

3) oposição às inclinações intelectuais e físico-desportivas; um curso sobre o desenvolvimento unilateral das capacidades.

IX. Auto-aperfeiçoamento no seio da família:

1) cuidados para o desenvolvimento integral de todos, domínio individual das competências, desenvolvimento de uma posição de vida activa;

2) desenvolvimento no sparring (todos só os dois, juntos), restrição mútua da actividade social;

3) tempos livres sem aspirações de objectivos, encorajando o tempo livre.

X. A escolha e desenvolvimento das capacidades de comunicação:

1) impressiona o comportamento modesto na sociedade, o trabalho honesto não está ligado ao desejo de ganhar a atenção do público, mas a capacidade de defender as suas posições é valorizada;

2) o principal é a capacidade de "manter um perfil

baixo

, de ser invisível na comunicação fora da família, e por vezes em casa";

3) o desejo de melhorar os comportamentos e formas de comunicação, afirmar e representar com dignidade a sua família e a si próprios.

Printed by Books on Demand GmbH, Norderstedt / Germany